U0023261

呆萌又俏皮の
羊毛氈柴犬

網友讚爆！比本尊更可愛！

ko-ko ◎著

大風文創

序

遇見「羊毛氈」，是在13年前。
當時在圖書館隨手拿了本書，馬上就被書中羊毛氈狗狗的可愛模樣深深打動，
更驚訝的是，居然只需要一些羊毛與一根戳針就能製作出來，
於是浮現「我也想要做做看！」的強烈欲望，
一開始動手做便完全陷入了「羊毛氈」的世界。

我所創作的柴犬們並非專注於追求寫實與擬真，
而是希望能透過豐富表情和生動活潑的姿態，做出讓人看了能喜笑顏開的作品。
我也會帶著自己做的柴犬們出門，讓牠們置身於四季的美景中，
享受拍攝的種種樂趣。

一直以來我都是不受拘束且自由地創作作品，
不過這次在本書的編製中，為了讓任何人都能輕鬆上手，特別改良了製作方式。
隨著戳刺羊毛的手法不同，柴犬們的表情與神韻都會有所變化，
各位不妨現在就一起動手，做出自己心目中獨一無二的可愛柴犬吧！

最後，衷心感謝在本書編製過程中，曾經接洽過的所有出版社人員，
以及協助本書製作發行的每一位夥伴。

＊ko-ko＊

CONTENTS 🐾

A

B

C

●P.6～16 柴犬騎士的製作方法基本上都相同（只有部分柴犬的鼻子改用塑膠玩偶鼻子，部分柴犬的嘴巴是呈現閉起來的狀態）。 騎著迷你摩托車、 放在圓桶裡、 在自然環境中坐著……這一系列作品，是讓柴犬騎士在各種不同的情境下擺拍， 展現出惬意悠閒的生活樣貌。 若是想放在桌面當擺設，可以在柴犬的主體做調整，詳細作法請參閱P.37的說明。

●本書照片中所使用的部分配件， 或許會與目前市面上販售的有所不同，僅供參考，敬請見諒。

●本書所使用的羊毛材料均為「Hamanaka」出品（詳細內容請參閱P.26）。 製作身體與頭部主結構的羊毛材料，所需用量較多（會使用１／２～１包左右）， 至於細節或裝飾用的羊毛，用量則只需要少許。 此外，本書中並沒有特別標註各款作品所需要的實際羊毛材料用量，由於製作時可能會依據鐵絲纏繞次數或戳刺程度等狀況，導致羊毛材料用量的多寡，還請特別注意。

D

呼嚕呼嚕的柴犬
With 海豹

E

與熱狗一起！

F

小豆助
黑柴版本

G

畫框中的柴犬

H

抱著印章的柴犬

I

杯中的迷你柴犬

🐾 柴犬騎士與夥伴們

柴犬騎士今天也和大
家一起騎車出遊。若
有發現一望無際的美
景一定要拍照留念
（啪嚓）！

真開心～
好舒服呢～

7

表情呆萌逗趣的人氣柴犬騎士，
穩穩地坐在從藝品店購入的迷你
摩托車上。只要在屁股部位挖個
小凹槽，就能將柴犬固定在各式
道具上喔。

How to make
P.30～37　**A** 柴犬騎士〔赤柴〕

唷～呼！！

真是
春意盎然！

由於內部有安裝鐵絲，因此可以自由彎折四肢，不論是坐在椅子上或以坐姿擺拍都可以自由發揮。本書中雖然是以容易製作的大小為基準，不過也可以依據想搭配的道具尺寸，自由調整成合適的大小。

※照片中迷你摩托車尺寸為長11.8×寬6.2×高7.7cm，可能與目前市面上販售的有所差異。

今天一定要
釣上大魚！

坐在溪邊的石頭上享受釣魚時光。若不需要讓
柴犬坐在椅子或其他道具上，可以省略在屁股
挖凹槽的步驟，完成基本作法就OK。也可以
幫柴犬戴上安全帽或草帽等，更加倍可愛喔！

好大的葉子！
綠蔭下真涼快！

嗯～ 泡澡真舒服

上方這款擺設系列的作品，由於看不到後腳
與尾巴，製作時省略不做也沒關係喔！頭上
擺放的毛巾同樣也是用羊毛氈來製作。

How to make P.30～37　A 柴犬騎士〔赤柴〕
　　　　　　　 P.65　毛巾

今年也大豐收！
開動～啦

秋天的金黃色稻田！無論是庭園或田間、海
邊或公園等地方，帶著柴犬騎士們四處遊玩
擺拍都開心。需要讓柴犬抱著道具時，只要
稍微彎折一下前腳的鐵絲就能輕鬆調整。

今天就在草地上悠閒一下吧！由於身體部分做
得較渾圓厚實，直接以坐姿擺放也相當穩定。
黑柴的製作方法與赤柴的基本作法一樣，最後
用黑色的羊毛裝飾毛色即可。

How to make P.30～37　A 柴犬騎士〔赤柴〕

積雪了～！

來玩雪吧～

How to make P.30～37　**A** 柴犬騎士〔赤柴〕

叮鈴♪   叮鈴♪

試著把我們拿起來搖一搖吧！只要將鈴鐺放進柴犬
騎士的腹部，一拿起來就會發出悅耳的鈴鐺聲喲。

How to make P.38～39　B 放入鈴鐺的柴犬騎士〔赤柴〕

今天要悠閒地過……

沒有比這個慵懶姿態更深具魅力的了。
此款作品的尺寸比柴犬騎士稍小，幽默
逗趣的側躺姿勢，是小型側躺款的基本
款式。

How to make P.40〜46 　C悠哉側躺的小柴犬

疑？
有人在叫我嗎？

呼嚕呼嚕‥‥‥

抱著海豹呼嚕呼嚕入睡的柴犬,光用看的就覺得好療癒。作法與
「悠哉側躺的小柴犬」相同,再做一隻海豹讓柴犬抱著即完成。

`How to make` P.47〜50　D 呼嚕呼嚕的柴犬 With 海豹

趴在熱狗造型的寵物軟墊上，享受
愜意的休閒時光。光是看著也覺得
輕鬆了起來！使用塑膠玩偶眼睛來
做出圓滾滾的雙眼吧。

How to make
P.51～55　E 與熱狗一起！

要玩什麼呢？

此款小豆助是以小體型柴犬（豆柴）為發想所設計的，尺寸較一般小型。除了基本款的赤柴與黑柴，全部使用白色來製作也非常可愛！可以試著改變眼睛的安裝方式，變化出不同的表情喔！

How to make P.56〜59　**F** 小豆助

將超迷你的柴犬放進直徑只有約2cm的小杯子裡，看著杯中柴犬逗趣的表情，也會不由自主地露出笑容呢。

How to make P.63　**I** 杯中的迷你柴犬

汪

汪

彷彿從窗戶探出頭張望的柴犬們。製作時，頭部要配合畫
框內框（約5x5cm）做成半球型，表情與「悠哉側躺的小
柴犬」作法相同。此款不用製作身體，較容易完成。

How to make P.60〜61　G 畫框中的柴犬

需要
蓋印章嗎?

張著渾圓大眼的可愛小柴犬,正抱著印章待命中。收納印章的圓筒也是手作而成,完成後讓柴犬抱著,放在玄關等地方,場景瞬間可愛了起來。

How to make P.62〜63　H 抱著印章的柴犬

How to make

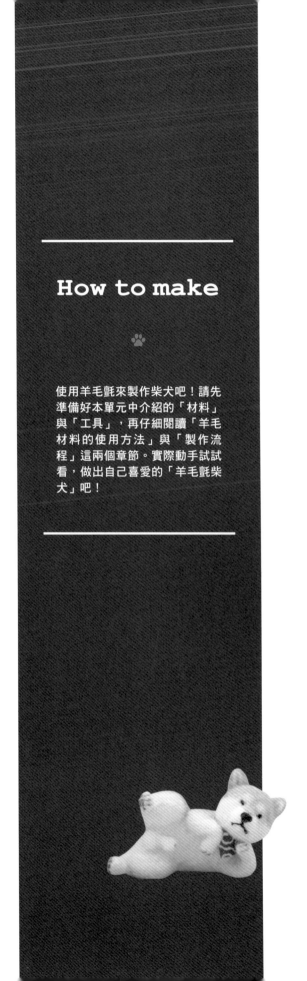

使用羊毛氈來製作柴犬吧！請先
準備好本單元中介紹的「材料」
與「工具」，再仔細閱讀「羊毛
材料的使用方法」與「製作流
程」這兩個章節。實際動手試試
看，做出自己喜愛的「羊毛氈柴
犬」吧！

材 料

下列為製作本書中羊毛氈柴犬的必要材料。羊毛的顏色主要以符合柴犬的色系來做挑選。

羊毛（Hamanaka） 　使用戳針重複戳刺羊毛，就能使羊毛纖維緊密結合，進而塑造出需要的形狀。

●Needle Watawata 填充羊毛

填充羊毛為片狀，經過加工可加速氈化且方便塑型。除了「柴犬騎士」，其他款柴犬的頭部與身體都使用天然色來製作主要結構；「312褐色」用於製作「與熱狗一起！」（P.51）的麵包造型。

●Natural Blend 羊毛條

自然色調系列。除了「柴犬騎士」，用於其他款「赤柴」上做重疊加色，拉鬆開來形成薄片再仔細戳刺。

●Solid 羊毛條

100%美麗諾羊毛，顏色最為豐富。「柴犬騎士」的舌頭、「與熱狗一起！」麵包上的文字等皆有使用。

天然色（310 原色）

染色加工
（312 褐色）

（808 褐色）

（36 淡粉紅色）、（23 紅色）

●Aclaine 壓克力纖維

針氈專用的Aclaine壓克力纖維，特色是容易塑型。本書中「柴犬騎士」的主要結構，以及其他各款柴犬裡的黑色部分，還有大部分作品的眼睛、腳掌肉球與腳爪等細節，都是使用此材料製作而成。

Natural Mix
（251 原色）

Natural Mix
（253 深棕色）

Natural Mix
（257 淺褐色）

（112 黑色）

（107 黃綠色）

花藝鐵絲 （#24）	塑膠玩偶眼睛 （3mm・1mm）	塑膠鈴鐺 （約23mm）	布料

花藝用的鐵絲，外層有用花藝膠帶纏繞包覆。製作羊毛氈時會再用羊毛將鐵絲包裹起來，建議選用不易顯露出來的白色款。

使用塑膠材質製成的眼睛部件。先用錐子在預計要安裝眼睛的位置戳一個小孔，再於部件根部塗白膠後，插入小孔黏合固定。

在泰迪熊等絨毛玩具中，也經常會放入手工藝用的「塑膠鈴鐺」。本書中是將鈴鐺放進柴犬的腹部。

用來製作柴犬脖子上的領巾。「柴犬騎士」使用的尺寸為2×17cm，其他款作品皆使用7×7cm或3.5×3.5cm。選用自己喜歡的花色來製作即可。

工　具

下列為製作本書中羊毛氈柴犬時使用的各種工具，也可以善用手邊原本就有的同類型工具。

戳針

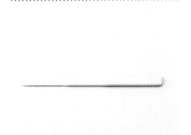

由於本書中的作品尺寸都不大，使用「極細款」的戳針會比較方便操作。

手工藝剪刀、布用剪刀

需要在已經戳刺完成並塑好型的羊毛氈上剪出開口時，建議選用「細刃」的手工藝剪刀會比較好操作。

鉗子

製作鐵絲支架時，用來剪斷鐵絲。

彎嘴鉗

製作鐵絲支架時，用來凹折鐵絲。

錐子

製作要插入「塑膠玩偶眼睛」的小孔時，使用錐子輔助會較好操作。

捲尺

用來測量「花藝鐵絲」的長度，或是確認「完成品」的尺寸。

布用黏著劑、白膠

「布用黏著劑」於製作柴犬的領巾時使用；「白膠」於安裝塑膠玩偶眼睛時使用。

羊毛氈戳針墊

戳刺較大平面的羊毛時，搭配戳針墊一起使用，有助於固定作品、穩定手部，較易於戳刺。

善用
手邊既有的物品！

製作羊毛氈時，除了「戳針」必須使用「針氈專用」的款式以外，其他工具或道具，不一定都非得使用「手工藝專用」的款式，可善用手邊既有的其他工具來代替，也可以在百元商店購買功能相近的工具。至於「羊毛材料」，可以選用本書所建議的款式，也可以自行混色，製作出自己的原創色也很不錯喔！

羊毛材料的使用方法

這裡整理了使用羊毛氈製作柴犬的事前準備，以及羊毛材料的操作方式，是所有作品都適用的基本作法。

▌拉鬆

無論使用哪一款羊毛材料，使用時要一點一點的拿出來，並先用手把羊毛輕輕拉鬆。

▌混色

當需要混合兩種以上的顏色時，請先各別取出少許的羊毛，接著一起拉鬆，直到區分不出各別的顏色即可。

▌邊拉邊包覆

需要用羊毛包覆鐵絲支架，或是製作球狀的羊毛氈時，要一邊拉著羊毛、一邊包覆纏繞，等整個包裹完成後，再用戳針完整戳刺來加以固定。

▌少量添補

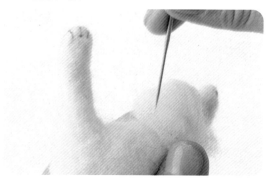

由於羊毛材料在經過戳刺固定後，比較難以縮小尺寸，所以製作時建議先戳成小一點的尺寸，再少量地添補羊毛來控制作品的大小。

▌細小部件

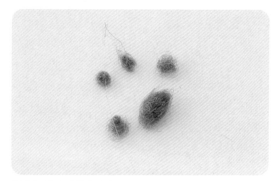

製作腳掌肉球等細節部位時，請先取出極少量的羊毛，再用手指搓揉成球狀備用。

▌搓成細線

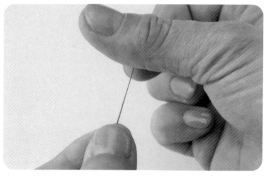

製作腳爪或嘴巴等細長線條部位時，請先取出極少量的羊毛用手指搓成細線，調整成適合的粗細後，再戳刺接合於主體上，接著修剪掉多餘的部分即可。

製作流程

本書中柴犬的製作方式，基本上都是以此單元的流程來進行。戳刺固定好部件後，請與「部件的原寸紙型」比對，確認尺寸是否符合。

▍身體

在基本款的柴犬身體中，都會安裝鐵絲支架，不過也有少數幾款不會安裝。

用「花藝鐵絲」來製作柴犬身體的鐵絲支架（鐵絲末端要向內凹折）。

先用羊毛包裹鐵絲後，再用戳針戳刺固定。

將腳掌肉球或腳爪等細節裝飾上去。

加上尾巴。

▍頭部

將做好的「口鼻（嘴巴與鼻子）」，戳刺固定在柴犬的臉部位置，部分款式的眼睛可以用「塑膠玩偶眼睛」來裝飾。由於「柴犬騎士」是嘴巴張開的笑臉，所以要另外製作上顎和下顎。

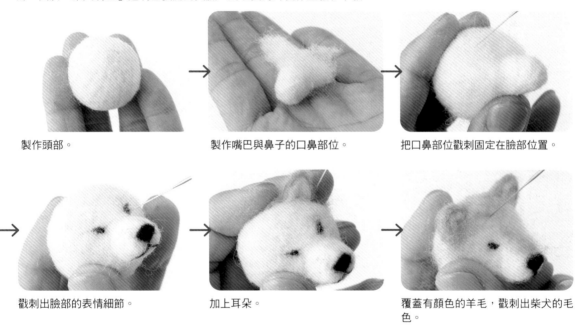

製作頭部。

製作嘴巴與鼻子的口鼻部位。

把口鼻部位戳刺固定在臉部位置。

戳刺出臉部的表情細節。

加上耳朵。

覆蓋有顏色的羊毛，戳刺出柴犬的毛色。

▍組裝

先在基本款柴犬的頭部跟尾巴裡面安裝鐵絲支架，接著組裝在身體上。

頭部安裝鐵絲支架。

分別把頭部與尾巴都組裝在身體上。

覆蓋有顏色的羊毛，戳刺出柴犬的毛色。

柴犬騎士 赤柴

掛著可愛笑容的柴犬騎士，就連眼睛都是用羊毛氈製作而成。身體部分會以此款作為基本作法。由於嘴巴部分呈現張開的狀態，臉部表情的製作上會比其他款式稍微難一點。

....

🐾 作品 | P.8、P.9上、P.12上、P.13、P.15、P.16

〔材料〕

- ●Aclaine 251・257・112・253 壓克力纖維
- ●Solid 36 羊毛條
- ●花藝鐵絲（白 #24）
- ●布料（領巾用）

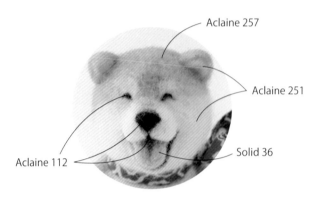

Aclaine 257
Aclaine 251
Solid 36
Aclaine 112

〔鐵絲尺寸〕

頭部
1　0.7
4
（單位：cm）

身體
5.5　3
7

尾巴
7.5

〔部件的原寸紙型〕

頭部

上顎
正面　側面

下顎　舌頭

耳朵

尾巴

■ 製作頭部

1 使用約1/6包的Aclaine 251，攤開後再用剪刀剪裁所需的分量。

2 重複多次將壓克力纖維向左右兩側拉開，確實地拉鬆。

3 一邊拉，一邊將纖維捲成球狀。

4 用戳針全面均勻地戳刺捲好的球狀纖維，塑型成圓球狀。

5 反覆戳刺直到做出與原寸紙型相同尺寸（直徑約4cm）的球體為止。

○ Point

塑型時，操作範圍須完整涵蓋整個球體。如果出現不平整或凹凸狀，可以再覆蓋一層薄薄的壓克力纖維，反覆戳刺做修補。

6 製作上顎。取少許Aclaine 251捲成一個小型的圓柱體。

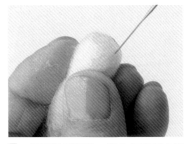

7 反覆戳刺塑型，製作出與原寸紙型相同大小的形狀。上顎的前端要戳成比較圓潤的弧度。

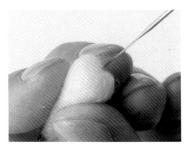

8 在上顎的前端戳刺出心形。

9 用手工藝剪刀從上顎前端的下方（心形的下凹處），縱向剪出一道開口。

10 取少許Aclaine 251薄薄地覆蓋在開口處，仔細戳刺修飾成比較圓潤的線條。

11 將步驟10做好的上顎，安裝在步驟5的臉部正中央，用戳針戳合固定。

12 製作下顎。取少許Aclaine 251摺疊並反覆戳刺，塑型成與原寸紙型相同的大小。

13 前端要修飾成較圓潤的線條；後端要稍微將纖維拉散。

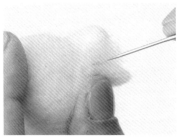

14 將下顎的嘴角對齊上顎的嘴角，再以戳針戳合固定於臉部。

How to make ❀ 柴犬騎士

15 嘴巴內部也要確實戳合固定。

16 暫時將嘴巴閉合，下顎的下方同樣也要戳合固定於臉部。

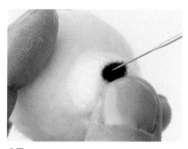

17 取少許Aclaine 112搓成圓球狀，放在上顎的鼻尖處戳合固定。

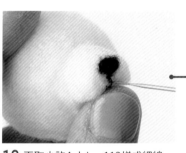

18 再取少許Aclaine 112搓成細線，放在步驟17的鼻尖下方，戳合固定下方的線條。

Point

製作線條時先取極少量羊毛，再以指尖搓成細線後即可使用。鼻子下方的線條、嘴巴周圍的線、眼睛、爪子等部位的應用方式也都相同。

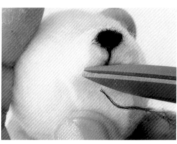

19 直到戳刺至上顎的邊緣後，便可用剪刀剪斷。

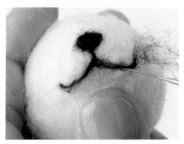

20 接著從嘴角開始，朝向鼻下線條尖端的方向戳刺Aclaine 112，另一側則往嘴角的方向繼續戳刺即可。

21 連接步驟20戳刺好的線條，沿著下顎的輪廓，同樣使用Aclaine 112戳刺線條。

22 在步驟20～21戳刺好的嘴巴輪廓內，覆蓋Aclaine 112後戳刺填滿內部。

23 取一些舌頭用的Solid 36摺疊成小捲狀後戳刺塑型，前端要呈現圓弧狀。

24 將舌頭與原寸紙型對照，從舌尖起算留下約1cm的長度後剪斷。

25 將步驟24的舌頭放進嘴巴，在舌根戳合固定。

26 在舌頭中央縱向戳出一條舌頭的摺痕。

27 用Aclaine 112搓成細線製作眼睛，從口鼻接合處的根部朝外戳刺固定。

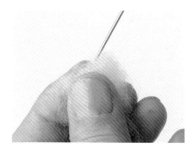

28 製作耳朵。取Aclaine 251摺成小三角形，並用手指夾住，戳刺三角形的側面塑型。

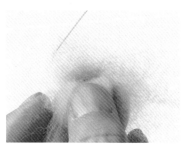

29 將步驟28戳好的小三角形放在Aclaine 257上，並用手指捏住，戳刺側面塑型。

30 做出與原寸紙型相同大小的形狀後，將剪刀伸進白色部位做修剪，使內耳呈現三角形。

31 將戳針放在耳朵中央，用手指夾住後對折，使中央呈現凹陷狀。

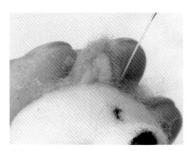

32 將耳朵放在頭上戳刺固定。如果耳朵旁有多餘的雜毛，可以用剪刀稍微修剪後再戳合固定。

33 另一隻耳朵也用相同的步驟戳刺固定。此為兩隻耳朵都固定上去的模樣。

34 取少許Aclaine 257薄薄地從鼻頭上方覆蓋到後腦勺，在頭部戳刺上色。

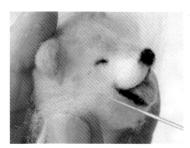

35 取少許Aclaine 251覆蓋在下巴戳刺塑型，將臉部的線條修飾成圓潤的弧度。

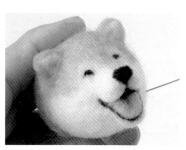

36 此為臉部下方圓潤線條的模樣。

▌製作身體

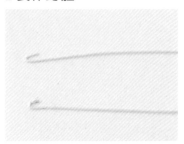

37 製作身體的鐵絲支架：先將一條花藝鐵絲對剪成兩條，再將兩條鐵絲的一端向內凹折。

38 將鐵絲從尖端起算的5.5cm處折彎成直角後，如圖所示纏繞兩條鐵絲，纏繞的長度為3cm。

39 繞好後再分別往相反方向折彎成直角，預留出7cm長度後將尾端向內凹折，剪掉多餘的鐵絲。

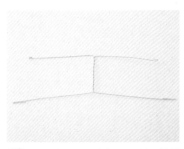

40 符合〔鐵絲尺寸〕圖示所示的長度與結構，身體的鐵絲支架就做好了。

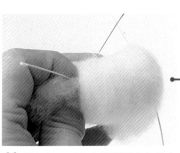

41 用Aclaine 251包裹鐵絲支架的身體部位（兩條鐵絲纏繞處），以戳針戳刺固定。

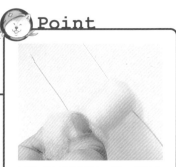

Point

以羊毛包裹鐵絲時，要一邊拉住羊毛，一邊纏繞包裹鐵絲。

42 身體上下方的鐵絲都要以Aclaine 251仔細包裹，並戳刺固定。

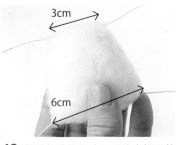

3cm
6cm

43 直到身體的尺寸如照片中標示的一樣，一點點地添補羊毛戳刺固定（厚度為上2.5cm、中5cm、下6cm）。

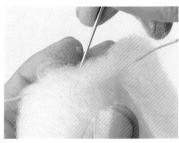

44 在前腳的根部連接處（上半身的中心），放上細長的Aclaine 251戳刺固定。

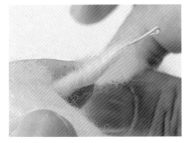

45 將步驟44的羊毛纏繞包裹前腳的鐵絲。

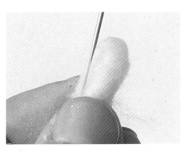

46 繞到最後在前腳的前端反折收邊戳刺固定，並塑型成圓弧狀。

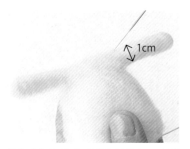

1cm

47 重複包裹羊毛及戳刺固定，直到粗度約為直徑1cm為止，另一隻前腳也以相同步驟製作。

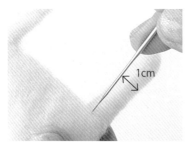

48 後腳（下半身）的製作方式與前腳相同。

49 將腳都往前折彎，後腳則可以再把腳尖部分往上方折彎一點。

50 在後腳的大腿部位一點點地添補 Aclaine 251，使大腿呈現厚實的模樣。

51 取極少量的Aclaine 253搓成圓球狀，放在腳掌上戳合固定，做出肉球。

52 將Aclaine 253搓成細線，在腳尖部位戳刺固定，做出3根腳爪。

53 身體做好了。

▌安裝組合

54 依照〔鐵絲尺寸〕圖示所示，製作頭部用的鐵絲支架，鐵絲尖端先向內凹折好備用。

55 用手工藝剪刀從頭部下方插入，剪出一個有深度的小開口。

56 將步驟54頭部用的鐵絲支架圓圈處，插進頭部的開口內。

57 用Aclaine 251薄薄地覆蓋在鐵絲周圍，戳刺固定好鐵絲。

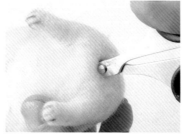

58 用手工藝剪刀在身體的上方剪出一個有深度的小開口。

59 把頭部插在身體上。可以將頭部稍微往前移一點，這樣整體會比放在中央要平衡一點。

60 在頸部周圍添補一些Aclaine 251戳合固定，加強身體和頭部的連結強度。

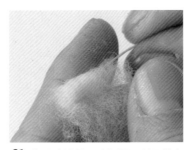

61 依照〔鐵絲尺寸〕圖示所示做出尾巴用的鐵絲，接著從向內凹折處開始用Aclaine 251包裹鐵絲。

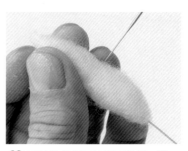

62 尾巴的前後兩端都要戳細一點，反覆纏繞包裹和戳刺塑型，直到大小與原寸紙型的尺寸相同。

63 將Aclaine 257薄薄地覆蓋在尾巴上戳刺上色。 尾巴的其中一側要留下部分原色。

64 用手工藝剪刀在屁股的上方剪一個小開口。 接著將尾巴上凸出的鐵絲向內折彎後再插進開口。

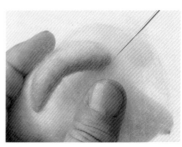

65 在尾巴與身體的接合處添補一些Aclaine 251戳合固定好尾巴，加強連結的強度。

66 取少許Aclaine 257薄薄地覆蓋在背部戳刺上色。

67 背面與側面都用Aclaine 257上好色的模樣。

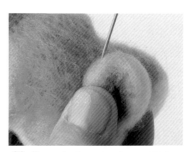

68 將尾巴折彎成捲曲狀，並戳合固定在身體上。

69 製作「柴犬騎士」的領巾（作法在P.64），將領巾繞在脖子上固定好。

完成！

讓柴犬用坐姿展示也沒問題！

黑柴版本

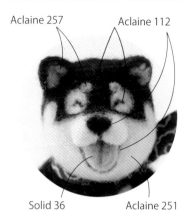

Aclaine 257　　Aclaine 112

Solid 36　　Aclaine 251

1 黑柴要在做好的赤柴上覆蓋薄薄的Aclaine 112，用戳針戳刺上色，就能製作出黑柴的毛色。

2 右側為黑柴的臉部。 左側也一樣用相同步驟戳刺上色。

柴犬騎士的擺拍

▌坐在機車等道具上

1 在屁股的部位，剪裁出與要坐上去的道具（椅子等等）相同大小的凹槽。

2 用戳針在凹槽部位戳刺固定。 由於身體裡有安裝鐵絲支架，戳刺或剪裁時請小心留意。

※P.8等情境照所使用的迷你摩托車，是在手工藝品店或雜貨店所購買的配件（市面上不一定能找到相同的款式）。 本書中的柴犬騎士尺寸，是配合道具尺寸來製作，照片中迷你摩托車的尺寸為長11.8×寬6.2×高7.7cm；如果手邊已經有適合搭配柴犬騎士的擺拍小物，建議可以依據該道具的尺寸來調整「羊毛氈柴犬」的大小。

▌裝飾在圓柱狀道具中

1 若是想放進圓柱狀的道具中來擺設，後腳省略不製作也沒關係。完成上半身後，直接將柴犬放進道具裡即可。

2 前腳有安裝鐵絲支架的關係，可以依照個人喜好來調整柴犬的姿勢。

B ## 放入鈴鐺的柴犬騎士　　赤柴

此款作品的頭部製作方式與「柴犬騎士」（P.30）相同，不過因為身體裡面要包裹鈴鐺，所以不用安裝鐵絲支架。只要輕輕搖晃柴犬，就能發出悅耳的叮噹響。

🐾 作品 | P.17

〔材料〕

●Aclaine 251・257・112・253
　壓克力纖維
●Solid 36 羊毛條
●花藝鐵絲（白＃24）
●塑膠鈴鐺……1 個
●布料（領巾用）

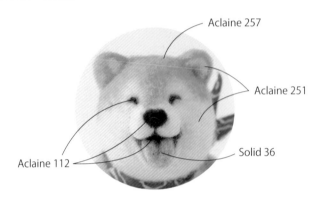

Aclaine 257
Aclaine 251
Solid 36
Aclaine 112

〔鐵絲尺寸〕　〔部件的原寸紙型〕

頭部

1 ── 1
1.5
3

（單位：cm）

頭部

上顎
　正面　　側面

耳朵　　舌頭

軀幹

下顎

尾巴　　　　　前腳　　　　　後腳

■ 製作身體

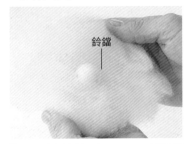

鈴鐺

1 先確實拉鬆Aclaine 251，接著把塑膠鈴鐺放在纖維中心，再將整個鈴鐺包裹起來。

2 用戳針戳刺塑型，並一邊添補，直到製作出與原寸紙型相同大小的形狀。

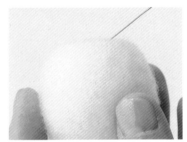

3 一邊戳刺，一邊塑型修飾出圓弧狀，身體上方要連接頭部的位置則要戳成平坦的表面。

▌安裝組合

4 在身體上方的中心用手工藝剪刀剪一個有深度的小開口。

5 頭部的製作方式與「柴犬騎士」相同（P.30～33）；安裝組合與P.35步驟54～59相同，將頭部插入步驟4的開口。

6 在頸部周圍添補一些Aclaine 251戳合固定，加強身體和頭部的連結強度。

7 用Aclaine 251製作前腳和後腳，除了腳踝到腳底的部位，其他都覆蓋Aclaine 257戳刺上色。 接著再用Aclaine 253在前腳戳出腳爪，在後腳戳出腳掌肉球。

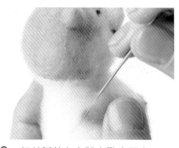

8 把前腳放在身體上戳合固定。

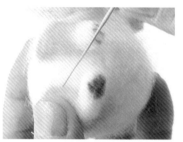

9 後腳先調整成能看見腳掌肉球的角度後再戳合固定。

10 用Aclaine 251製作與原寸紙型大小相同的尾巴，再將Aclaine 257覆蓋在尾巴上戳刺上色。

11 尾巴根部的接合部位，要稍微把纖維拉開後再戳合固定。

12 將Aclaine 257薄薄地覆蓋在背部戳刺上色。

13 將尾巴折彎成捲曲狀，並戳合固定在身體上。

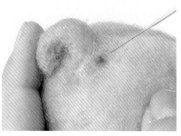

14 取少許Aclaine 253搓成圓球狀，在尾巴下方戳刺出屁屁肛門。

繫上「柴犬騎士」的領巾（製作方法在P.64）。

完成！

C 悠哉側躺的小柴犬

悠閒自在側躺著的大叔柴犬……以這樣的發想進而設計出的「悠哉側躺的小柴犬」。此款作品的嘴巴是合起來的狀態，相較於柴犬騎士製作比較簡單。

🐾 作品 | P.18

How to make 🐾 悠哉側躺的小柴犬

〔材料〕
- ●Needle Watawata 310 填充羊毛
- ●Natural Blend 808 羊毛條
- ●Aclaine 253・112 壓克力纖維
- ●花藝鐵絲（白 #24）
- ●布料（領巾用）

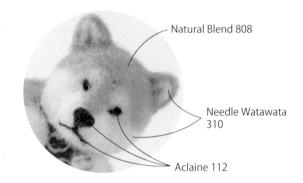

Natural Blend 808

Needle Watawata 310

Aclaine 112

〔鐵絲尺寸〕

頭部
1　　0.7
4
（單位：cm）

身體
5.5　　3
7

尾巴
7.5

〔部件的原寸紙型〕

頭部

耳朵　　口鼻

小雞雞

尾巴

■製作身體

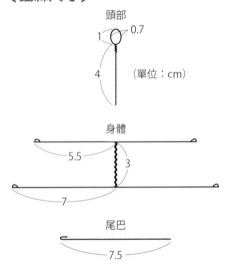

1 如〔鐵絲尺寸〕圖示所示的長度與結構，製作鐵絲支架（詳細的作法在P.34步驟37～40）。

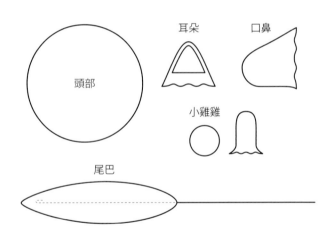

2 用Needle Watawata 310（以下簡稱Watawata 310），從前腳的中心開始往腳跟方向，一點一點地纏繞包裹鐵絲。

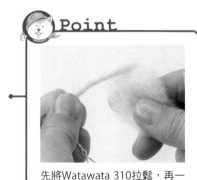

Point

先將Watawata 310拉鬆，再一邊拉住羊毛，一邊纏繞包裹。

3　一直纏繞到腳跟之後，往回朝向中心繼續纏繞，並以戳針戳刺固定。

4　取少許Watawata 310覆蓋在前腳鐵絲的尾端，將多餘的羊毛折入內側，戳刺固定。

5　少量添補羊毛並反覆包裹戳刺，直到前腳的粗度達約1cm為止，另一隻前腳與兩隻後腳的作法也都一樣。

6　軀幹部位用Watawata 310一邊拉住羊毛，一邊繼續包裹鐵絲。

7　少量添補羊毛並反覆包裹戳刺，直到軀幹的厚度達約3.5cm為止。

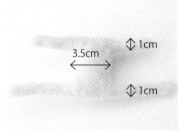

8　身體的主要結構做好了。

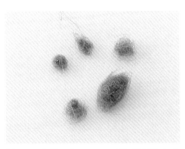

9　取少許Aclaine 253搓成不同大小的圓球狀，製作肉球。

10　將步驟9的小羊毛球，一個一個依序放在腳掌內側戳刺固定。

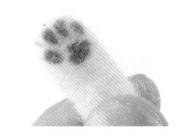

11　5個小羊毛球戳合固定後的腳掌肉球模樣。

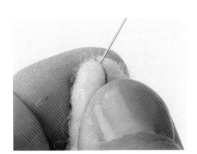

12　將Aclaine 253搓成細線，在腳的前端逐一戳刺出3根腳爪。

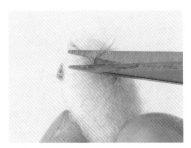

13　如果壓克力纖維過長可以直接用剪刀修剪多餘的羊毛。

14　如圖所示彎曲後腳。

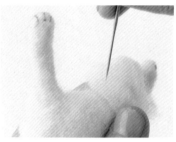

15 在後腳的大腿部位一點點地添補 Watawata 310，使大腿呈現厚實的模樣。

16 另一隻大腿也用同樣的方法來製作。此為後腳做好的模樣。

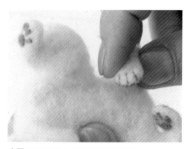

17 稍微彎曲前腳擺出姿勢。

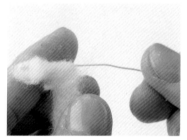

18 依照〔鐵絲尺寸〕圖示所示，做出尾巴用的鐵絲，接著從向內凹折處開始用Watawata 310包裹鐵絲。

19 反覆包裹、戳刺。

20 尾巴的前後兩端都要戳細一點，反覆纏繞包裹和戳刺塑型，直到大小與原寸紙型的尺寸相同。

21 取極少量Natural Blend 808薄薄地覆蓋在尾巴戳刺上色。

22 尾巴的其中一側可以留下部分原色，更顯層次感。

▌製作頭部

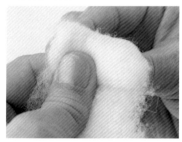

23 取頭部用的Watawata 310拉鬆後，一邊拉一邊將羊毛捲成圓球狀。

24 用戳針全面完整戳刺，一邊戳一邊塑型，做出圓球狀。

25 一邊添補Watawata 310，一邊塑型戳刺，直到製作出與原寸紙型相同大小的球體。

26 取口鼻用的Watawata 310捲成長條狀，戳刺塑型做出與原寸紙型相同大小的形狀。

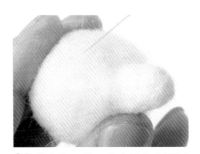

27 將步驟26的口鼻安裝在步驟25做好的頭部正中央，戳合固定。

28 取少許Aclaine 112搓成圓球狀，放在口鼻前端戳合固定。

29 將搓成細線的Aclaine 112放在鼻子下方戳刺固定。

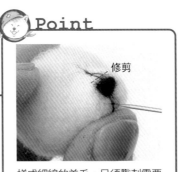

修剪

搓成細線的羊毛，只須戳刺需要的粗細即可，多餘的部分可以直接用剪刀修剪掉。

30 輕輕按上拇指，沿著指頭的曲線戳刺出嘴巴的線條。

31 戳刺時嘴巴的中心要稍微朝上，製作出角度。

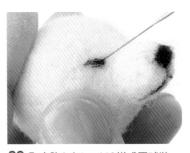

32 取少許Aclaine 112搓成圓球狀，放在口鼻接合處的根部戳刺固定製作眼睛。

33 另一隻眼睛也同樣戳刺固定好，眼睛、鼻子、嘴巴就做好了。

34 製作耳朵。將Watawata 310摺成小三角形，並用手指夾住，戳刺三角形的側面塑型。

35 取少許Natural Blend 808拉鬆，放上步驟34戳好的小三角形，並用手指捏住。

36 從側面開始戳刺塑型，將兩種顏色戳刺固定，製作出與原寸紙型相同大小的形狀。

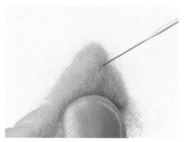
37 耳朵的背面也要戳刺固定，整理塑型。

38 用剪刀修剪多餘的羊毛，使白色內耳呈現三角形。

39 將戳針放在耳朵中央，用手指夾住後對折，使其呈現凹陷狀。

40 將耳朵放在頭上戳刺固定。

⊙Point

耳朵的後面也要戳刺成三角形的輪廓。

41 用剪刀修剪耳朵旁多餘的雜毛，確實地戳合固定。

42 另一隻耳朵也用相同的步驟戳刺固定。

43 用Natural Blend 808薄薄地覆蓋在鼻頭上方戳刺上色。

44 取少許Natural Blend 808覆蓋在頭部的上方，整體都戳刺上色。頭部就做好了。

▌安裝組合

45 依照〔鐵絲尺寸〕圖示所示，製作頭部用的鐵絲支架，鐵絲尖端先向內凹折好備用。

46 用手工藝剪刀從頭部下方插入，剪出一個有深度的小開口。

47 將步驟45頭部用的鐵絲支架圓圈處，插進頭部的開口內。

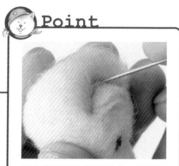

48 用Watawata 310薄薄地覆蓋在鐵絲周圍，戳刺固定好鐵絲。

49 用手工藝剪刀在身體的上方剪出一個小開口，插入頭部。

50 在頸部周圍添補一些Watawata 310戳合固定，加強身體和頭部的連結強度。

51 用手工藝剪刀在屁股的上方剪出一個小開口。

52 接著將尾巴上凸出的鐵絲向內折彎後，插進步驟51的開口。

53 在尾巴與身體的接合處添補一些Watawata 310戳合固定好尾巴，加強連結的強度。

54 將Watawata 310和Natural Blend 808拉鬆，並混合在一起。

Point

重覆拉鬆不同顏色的羊毛做混色，直到看不出原本各自的顏色為止。想使用不同材質的羊毛時，也可以用同樣的方式混合。

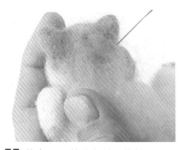

55 將步驟54的混色羊毛薄薄地從頭頂覆蓋到後背戳刺上色。

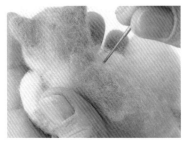

56 從後背到前後腳，也同樣用混色羊毛薄薄地覆蓋戳刺上色。

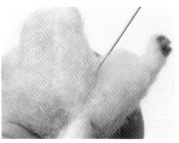

57 用戳針戳出屁股的股溝。

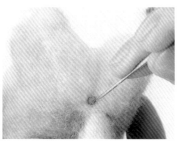

58 取少許Aclaine 253搓成圓球狀，在股溝上方靠近尾巴的位置，戳刺出屁屁肛門。

59 後背到屁股都製作完成的模樣。

60 取Watawata 310搓成圓球，戳刺塑型成與原寸紙型相同大小的形狀後，戳合固定在後腳之間。

61 同樣取Watawata 310戳刺塑型成與原寸紙型相同大小的形狀。

62 取極少量Aclaine 253放在步驟61的前端，戳刺成小圓點。

63 將步驟62放在步驟60的上方戳刺固定。

64 正面也製作好了。

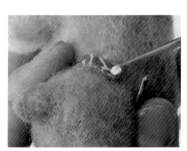

65 製作大領巾（作法在P.64），在脖子後面將領巾的兩端用黏著劑貼合即可。

完成！

稍微調整好前腳的角度就完成了。

D

呼嚕呼嚕的柴犬
with 海豹

和海豹一起小睡……此款作品的製作方式幾乎與「悠哉側躺的小柴犬」（P.40）相同。海豹的作法也比柴犬還簡單喔！

🐾 作品 │ P.20

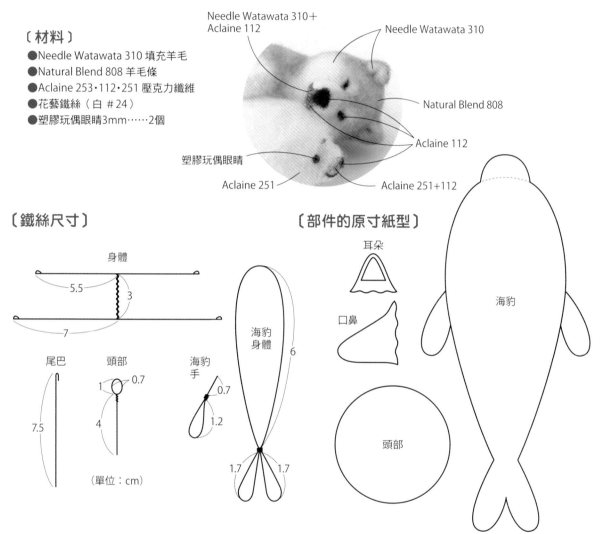

〔材料〕
- ●Needle Watawata 310 填充羊毛
- ●Natural Blend 808 羊毛條
- ●Aclaine 253・112・251 壓克力纖維
- ●花藝鐵絲（白 #24）
- ●塑膠玩偶眼睛3mm……2個

Needle Watawata 310＋
Aclaine 112

Needle Watawata 310

Natural Blend 808

Aclaine 112

塑膠玩偶眼睛

Aclaine 251

Aclaine 251+112

〔鐵絲尺寸〕

身體
5.5
3
7

尾巴
7.5

頭部
1
0.7
4

海豹手
0.7
1.2

海豹身體
6
1.7 1.7

（單位：cm）

〔部件的原寸紙型〕

耳朵

口鼻

海豹

頭部

▌製作身體

1　身體的製作方式與「悠哉側躺的小柴犬」相同（P.40～42）。

2　依照步驟1圖示中的箭頭方向彎曲柴犬的四肢。

3　前腳的根部先折彎，接著於腳踝再折彎一次。

How to make 🐾 呼嚕呼嚕的柴犬 with 海豹

47

4 後腳的根部也折彎一個較小的彎度，如圖所示再彎折出後腳踝的角度。

5 在後腳的大腿部位一點點地添補 Needle Watawata 310（以下簡稱Watawata 310）使大腿呈現厚實的模樣。

6 用手工藝剪刀在屁股剪出一個有深度的小開口。

7 尾巴與「悠哉側躺的小柴犬」作法相同（P.42-18～22），先將鐵絲的尖端向內凹折，再插入步驟6的小開口。

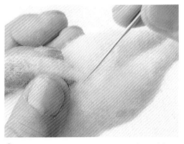

8 在尾巴與身體的接合處添補一些Watawata 310戳合固定好尾巴，加強連結的強度。

9 與「悠哉側躺的小柴犬」作法相同，用Aclaine 253在後腳戳出腳掌肉球（P.41-9～11）；在前腳戳出腳爪線條（P.41-12）。

▌製作頭部和安裝組合

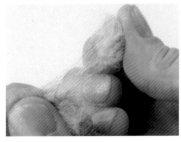

10 將Watawata 310和Aclaine 112拉鬆相互混合。

11 頭部與「悠哉側躺的小柴犬」作法相同（P.42～44），將步驟10薄薄地覆蓋在嘴巴上戳刺上色。

12 在嘴巴周圍呈現一些些灰色來強調嘴型。

13 用手工藝剪刀在頭部下方剪一個小開口，並將頭部鐵絲支架的圓圈處插入開口。

14 將Watawata 310薄薄地覆蓋在鐵絲周圍，戳刺固定好鐵絲。

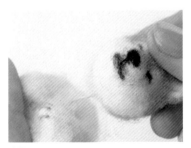

15 用手工藝剪刀在身體的上方剪出一個小開口，將頭部插入。

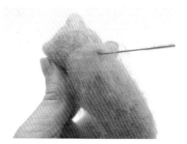

16 在頸部周圍添補一些Watawata 310戳合固定，加強身體和頭部的連結強度。

17 取少量的Natural Blend 808和 Watawata 310拉鬆混合後，薄薄地覆蓋在背部戳刺上色。

18 柴犬製作完成了。

▌製作海豹

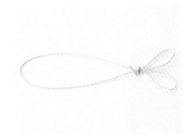

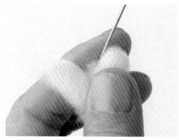

19 依照〔鐵絲尺寸〕圖示所示，製作海豹身體的鐵絲支架。

20 先用Aclaine 251在單側的尾巴上纏繞包裹。

21 另一側尾巴也用相同方式纏繞、戳刺固定。尾端要戳出圓潤一點的弧度。

22 軀幹部位也要從尾巴開始朝向頭部，用Aclaine 251纏繞包裹、戳刺固定。

23 一點一點地添補Aclaine 251，反覆戳刺塑型。

24 直到戳刺出漂亮且渾圓、與原寸紙型相同大小的海豹身體。

25 取少許Aclaine 251搓成圓球狀，用戳針戳刺塑型，製作海豹的口鼻。

26 將步驟25的口鼻裝在海豹身體的前端戳合固定。

27 海豹的前肢先用Aclaine 251包裹鐵絲支架繞成圓圈的部分，並戳刺塑型。同樣的前肢要做2個。

28 用手工藝剪刀在軀體側邊剪一個小開口。先將前肢鐵絲的尖端向內凹折後再插進開口。

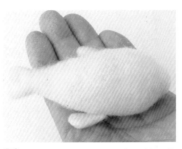

29 在前肢與身體的接合處添補一些Aclaine 251戳合固定，增加連接強度。

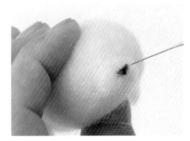

30 取少許Aclaine 112，在口鼻的鼻頭處戳刺固定。

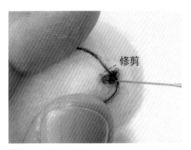

修剪

31 用搓成細線的Aclaine 112，在鼻子下方分別往左右兩邊戳刺固定弧形線條。

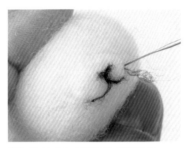

32 戳刺成左右對稱的嘴巴模樣。

33 取少許Aclaine 251和112拉鬆混合，薄薄地覆蓋在鼻子與嘴巴之間戳刺上色。

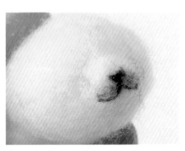

34 使嘴巴周圍呈現一點點灰色來強調嘴型。

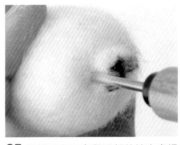

35 用錐子在口鼻與頭部的接合處根部，戳出一個小孔。

36 先在塑膠玩偶眼睛的插椿上塗白膠後再插入，另一隻眼睛也是同樣作法。

37 取少許Aclaine 251和112拉鬆混合後，放在眼睛上方稍微往內靠的位置，戳刺固定。

38 海豹完成了。

完成！

讓柴犬抱住海豹之後，在接合處稍微戳刺固定一下就完成啦！

E # 與熱狗一起！

柴犬趴在小狗狗用的熱狗造型軟墊上，真是絕妙組合！使用塑膠玩偶眼睛，再藉由加入眼線來創造出生動的豐富表情。

❤ 作品 │ P.21

〔材料〕
- ●Needle Watawata 310・312 填充羊毛
- ●Natural Blend 808 羊毛條
- ●Aclaine 253・112・251・107 壓克力纖維
- ●Solid 23 羊毛條
- ●花藝鐵絲（白 #24）
- ●塑膠玩偶眼睛3mm……2個
- ●布料（領巾用）

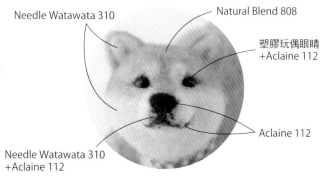

Needle Watawata 310
Natural Blend 808
塑膠玩偶眼睛 +Aclaine 112
Aclaine 112
Needle Watawata 310 +Aclaine 112
Needle Watawata 310 +Aclaine 112

〔鐵絲尺寸〕

頭部
1.5　1
2.5
（單位：cm）

前腳
7.5

尾巴
7.5

〔部件的原寸紙型〕

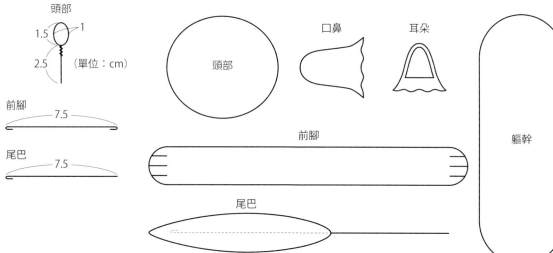

頭部

口鼻

耳朵

前腳

軀幹

尾巴

▌製作頭部

1 將頭部用的Needle Watawata 310（以下簡稱為Watawata 310）捲成球狀並戳刺塑型，做出與原寸紙型相同大小的球體。

2 將口鼻用的Watawata 310摺疊後戳刺塑型，做出與原寸紙型相同大小的形狀。

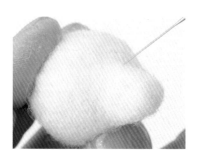

3 將口鼻安裝在頭部，戳合固定。

4 鼻子和嘴巴與「悠哉側躺的小柴犬」（P.43-28～31）、嘴巴周圍與「呼嚕呼嚕的柴犬」（P.48-11～12）作法相同，再用錐子在口鼻與頭部的接合處戳出小孔。

5 在塑膠玩偶眼睛的插樁上塗白膠再插入小孔。

6 取少許Watawata 310薄薄地覆蓋住眼睛，戳刺固定。

7 製作耳朵和戳刺固定，與「悠哉側躺的小柴犬」作法相同（P.43-34～P.44-42）。

8 取少許Natural Blend 808薄薄地覆蓋在鼻頭上方戳刺上色。

9 在臉部上方整體用Natural Blend 808一點一點地戳刺上色。

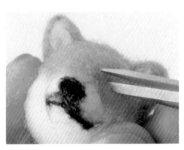

10 用手工藝剪刀在已安裝塑膠玩偶眼睛的地方剪一個小開口。

11 用戳針一邊撥開塑膠玩偶眼睛旁邊的羊毛，一邊戳刺塑型。

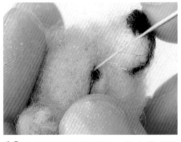

12 在玩偶眼睛的周圍，放上搓成細線的Aclaine 112，用戳針戳出眼線。

13 兩隻眼睛戳出眼線之後的樣子。

Point

在圓滾滾的塑膠玩偶眼睛周圍，加入杏仁狀的眼線，會讓表情更加逼真。調整眼尾向上或向下，也會使柴犬的臉部表情變得不一樣喔！

14 取少許Watawata 310搓成圓球狀，放在眉頭的位置戳刺固定。

▌製作身體

15 取適量Watawata 310疊成長條狀製作身體。

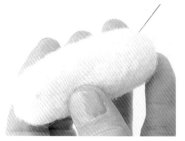

16 戳刺塑型成與原寸紙型相同的大小，且兩端為圓弧曲線的形狀。

17 用Watawata 310包裹前腳的鐵絲支架。

18 前腳的鐵絲支架兩端都要戳出圓潤的弧度，製作出與「前腳原寸紙型」大小相同的形狀。

19 前腳的兩處尖端用Aclaine 253戳刺出腳爪。除了尖端以外，再用Natural Blend 808薄薄地覆蓋戳刺上色。

20 尾巴與「悠哉側躺的小柴犬」作法相同（P.42-18～22）。

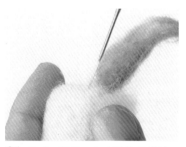

21 用手工藝剪刀在身體的尾端剪一個小開口後，把尾巴插進開口，再於接合處添補Watawata 310戳合固定，加強連結的強度。

22 在臉部下方剪一個小開口，並將頭部鐵絲的圓圈處插入開口，接著在周圍添補Watawata 310戳刺固定。

23 在身體要連接頭部的那一側剪一個小開口，將頭部插入後在頸部周圍添補Watawata 310戳合固定，增加連結強度。

24 將Natural Blend 808薄薄地從頭部覆蓋到屁股戳刺上色。將尾巴折成彎曲狀，並戳刺固定。

25 取少許Aclaine 253搓成圓球狀，在尾巴下方戳刺出屁屁肛門。

26 製作大領巾（作法在P.64），圍在脖子上後把領巾兩端用黏著劑貼合即可。

▌製作熱狗

27 攤開Needle Watawata 312，裁剪約35×9cm準備做麵包。

28 將步驟27摺成3摺。

29 再從左右兩側向中心摺疊。

30 用戳針完整戳刺固定。

Point

戳刺塑型成約5×8cm的大小，麵包整體要戳刺成比較圓潤的輪廓。

31 用手工藝剪刀在麵包中央剪出一道開口。

32 用戳針戳刺開口部位塑型固定。

33 麵包開口的邊緣也要戳刺成如照片般的圓潤曲線，修飾好麵包。

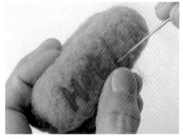

34 將搓成細線的Solid 23放在麵包的側面，戳刺出「Hot Dog」的字樣。

35 取製作萵苣用的Aclaine 107約7×7cm，準備3片薄片後拉鬆重疊，纖維方向要交錯疊放。

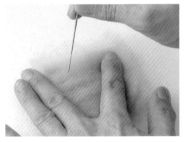

36 放在羊毛氈戳針墊上後，以戳針整體戳刺固定。

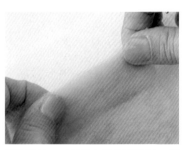

37 邊緣可以稍微內摺後再戳刺，要保持邊緣線條的平整。

38 整體都要戳刺平整，直到戳刺成約6×8cm的羊毛片。

39 在長邊從邊緣起算的2cm處，用戳針縱向戳一個小凹槽。

40 接著在第一個小凹槽旁的1cm處再縱向戳出另一個小凹槽。

41 重複步驟39～40，上下兩側都要做出圓弧的波浪狀（間距不整齊也無妨）。

▌安裝組合

42 將萵苣對折後夾入麵包裡，用戳針在中心線戳合固定。

43 夾著萵苣的熱狗麵包做好了。

44 將步驟19做好的前腳折彎交疊擺放。

45 將前腳放在熱狗麵包的前端，戳刺固定。

46 將身體的前端稍微重疊一點點在前腳上放好。

47 用戳針將柴犬與熱狗麵包戳合固定。

完成！

柴犬有牢牢地固定在熱狗麵包上就大功告成囉！

F 小豆助

此款作品整體以偏小的尺寸來製作，會分別在身體的各個部件中放入鐵絲，是綜合應用技巧的款式。

🐾 作品 │ P.22

〔材料〕
- ●Needle Watawata 310 填充羊毛
- ●Natural Blend 808 羊毛條
- ●Aclaine 253・112 壓克力纖維
- ●花藝鐵絲（白 #24）
- ●塑膠玩偶眼睛3mm……2個
- ●布料（領巾用）

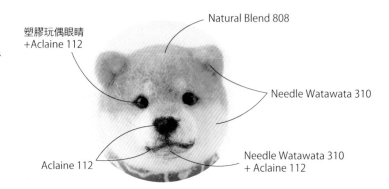

Natural Blend 808
塑膠玩偶眼睛+Aclaine 112
Needle Watawata 310
Aclaine 112
Needle Watawata 310 + Aclaine 112

〔鐵絲尺寸〕

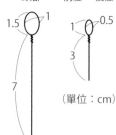

頭部
1.5　1

前腳・後腳
1　0.5
3

7

（單位：cm）

〔部件的原寸紙型〕

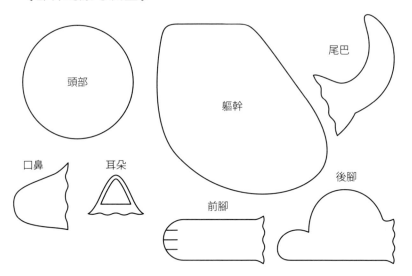

頭部
軀幹
尾巴
口鼻
耳朵
前腳
後腳

■ 製作頭部

1 取頭部用的Needle Watawata 310（以下簡稱為Watawata 310）捲成球狀，戳刺塑型做出與原寸紙型相同大小的球體。

2 口鼻也取Watawata 310摺疊後反覆戳刺塑型，做出與原寸紙型相同大小的形狀後，放在頭部上戳合固定。

3 鼻子、嘴巴、耳朵、眼睛的作法和「與熱狗一起！」相同（P.52-4～9）。

4 在塑膠玩偶眼睛的周圍放搓成細線的Aclaine 112，用戳針戳出眼線（P.52-10～13）。

5 頭部完成。眼線上方的弧度也可以加大形成拱形線，使眼睛看起來更閃亮有神。

▌製作身體

6 用手工藝剪刀在頭部下方剪一個小開口，將頭部鐵絲的圓圈處插入，並在周圍添補Watawata 310戳刺固定。

7 先用Watawata 310纏繞頸部的鐵絲支架後戳刺固定，再繼續往鐵絲尾端纏繞出身體。

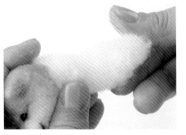

8 鐵絲尾端約2.5cm處也要向內凹折。

9 用Watawata 310纏繞包裹成身體後戳刺塑型，做出與原寸紙型相同大小的形狀。

10 用Watawata 310在前腳鐵絲支架的圓圈處開始纏繞，一邊拉住一邊將整隻腳都包裹起來。

11 再用Watawata 310在前端戳刺塑型成圓弧狀，做出與原寸紙型相同大小的形狀。

12 在前腳的腳尖放上搓成細線的Aclaine 253，戳刺出腳爪。

13 取少許Watawata 310做尾巴，戳刺塑型成與原寸紙型相同大小的形狀。尾端要戳刺成尖翹起來的模樣。

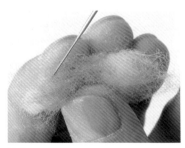

14 將Natural Blend 808薄薄地整體覆蓋在步驟13戳刺上色。

How to make ❀ 小豆助

57

15 尾巴中段要戳刺出彎曲的弧度。

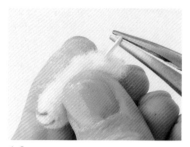

16 將前腳露出的鐵絲尖端稍微向內凹折。

17 用手工藝剪刀在身體要接合前腳的位置剪出小開口。

18 將前腳插入後，在接合處添補一些Watawata 310戳合固定，增加連結的強度。

19 後腳的作法與前腳相同，並在大腿添補一些Watawata 310，使大腿呈現厚實的模樣。

20 後腳腳爪的作法與前腳相同。鐵絲的尖端也要向內凹折。

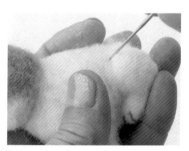

21 在身體靠近屁股的地方，剪一個小開口插入後腳，並在接合處添補Watawata 310戳合固定，加強連結的強度。

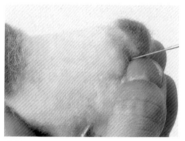

22 尾巴根部接合部位的羊毛，要稍微把纖維拉開覆蓋在身體上後，再戳合固定。

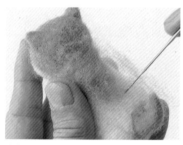

23 取少許Natural Blend 808和Watawata 310拉鬆混合後，薄薄地覆蓋在背部戳刺上色。

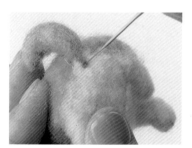

24 取少許Aclaine 253搓成圓球狀，在尾巴下方戳刺做出屁屁肛門。

25 背後製作完成的樣子。

26 製作大領巾（作法在P.64），在脖子後方用黏著劑把領巾的兩端貼合即可。

完成！

待黏著劑乾燥固定就完成！

黑柴版本

身體正面的毛色是用以下步驟戳刺而成：

1 在腳部添補少許Natural Blend 808戳刺上色。

2 從頭部覆蓋Aclaine 112 戳刺上色。

3 接著再添補Watawata 310戳刺出白色紋路。

使用「塑膠玩偶眼睛」變化出各種眼神表情

只要稍微改變塑膠玩偶眼睛的安裝方式，就能改變柴犬的臉部表情。
本篇以小豆助作為示範，提供給各位參考。

A 使用「3mm」的塑膠玩偶眼睛

剛剛好的尺寸，只要安裝在眼睛的位置上就好，作法簡單！

B 使用「1mm」的塑膠玩偶眼睛

稍微偏小的尺寸，是小眼睛愛好者的最佳選擇。

C 雙眼之間的距離稍微「分開一點」

使用3mm的塑膠玩偶眼睛，整體呈現出圓滾滾的可愛氛圍。

D 雙眼之間的距離稍微「靠近一點」

使用3mm的塑膠玩偶眼睛，兩眼的間距越小，五官就顯得更集中。

E 用Aclaine 112壓克力纖維「裝飾眼線」

在塑膠玩偶眼睛周圍加上修飾眼線的線條，可以讓眼睛看起來更逼真有神。

G 畫框中的柴犬

此款作品是從小畫框中露出半球形的頭部以及兩隻前腳的技巧應用款。臉部表情與「悠哉側躺的小柴犬」（P.40）作法相同。

❀ 作品 | P.23

〔材料〕

●Needle Watawata 310 填充羊毛
●Natural Blend 808 羊毛條
●Aclaine 253・112 壓克力纖維
●布料（領巾用）
●迷你畫框（內框5×5cm）

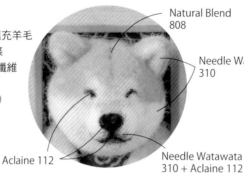

Natural Blend 808

Needle Watawata 310

Aclaine 112

Needle Watawata 310 + Aclaine 112

黑柴版本

Aclaine 112

如圖所示，將Aclaine 112覆蓋在臉部，戳刺做出黑柴的毛色。

〔部件的原寸紙型〕

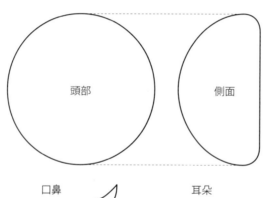

頭部

側面

前腳

口鼻

耳朵

■ 製作頭部

1　取頭部用的Needle Watawata 310（以下簡稱為Watawata 310），將細長條捲成圓球狀。

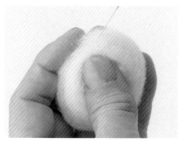

2　捲完戳刺固定後，整體再均勻地全面戳刺，塑型成圓球。

3　最後做成與原寸紙型相同大小的半球型。

4 取口鼻用的Watawata 310戳刺塑型，做出與原寸紙型相同大小的形狀。

5 將口鼻安裝在頭部後戳合固定。

6 鼻子、嘴巴、眼睛與「悠哉側躺的小柴犬」（P.43-28～33）；嘴巴周圍與「呼嚕呼嚕的柴犬」（P.48-11～12）作法相同。

7 耳朵也與「悠哉側躺的小柴犬」（P.43-34～P.44-39）作法相同，做好將耳朵放在頭上戳合固定。

8 取少許Natural Blend 808薄薄地從鼻頭開始覆蓋到頭部上方戳刺上色。

9 在頭部上方整體覆蓋Natural Blend 808戳刺上色後，用戳針在額頭中間戳一條縱向線條。

▌製作前腳、安裝組合

10 前腳用Watawata 310戳刺出與原寸紙型相同大小的形狀，再覆蓋Natural Blend 808戳刺上色，中段要戳成比較圓潤的弧度。

11 在前腳的腳趾處放上搓成細線的Aclaine 253戳刺出腳爪。兩隻前腳的作法都相同。

12 用白膠在畫框裡黏貼與領巾一樣的布料。接著在頭部背面塗白膠，也一起黏在迷你畫框內。

13 用白膠將小領巾黏貼在臉部的下方。

14 再用白膠將兩隻前腳靠著小領巾的兩側黏貼上去。

待黏著劑乾燥固定就完成了！

完成！

H # 抱著印章的柴犬

頭部與「小豆助」（P.56）作法相同；身體的主要結構與「悠哉側躺的小柴犬」（P.40）相同，不過腳部的彎曲度略有調整。雖然單單做一隻柴犬就已經很可愛了，若多做一個圓筒道具讓柴犬抱著，還能用來收納印章。

🐾 作品 | P.24

〔材料〕
- ●Needle Watawata 310 填充羊毛
- ●Natural Blend 808 羊毛條
- ●Aclaine 253・112 壓克力纖維
- ●花藝鐵絲（白 #24）
- ●塑膠玩偶眼睛3mm……2個
- ●布料（領巾用）
- ●紙繩

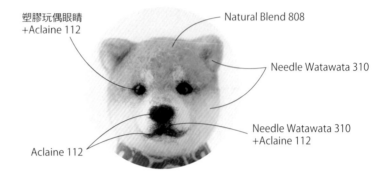

塑膠玩偶眼睛 +Aclaine 112

Natural Blend 808

Needle Watawata 310

Needle Watawata 310 +Aclaine 112

Aclaine 112

〔鐵絲尺寸〕

頭部
1.5　1
2.5
（單位：cm）

身體
4　3
5.5

尾巴
7.5

〔部件的原寸紙型〕

頭部

口鼻

耳朵

尾巴

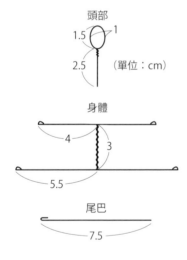

1 頭部尺寸依照上方標示的鐵絲尺寸和原寸紙型。作法則與「小豆助」（P.56）相同。嘴角線條的弧度可以稍微上揚。

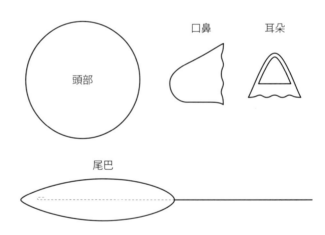

2 頭部完成後的模樣。稍微將嘴巴線條的弧度上揚，可以讓柴犬的表情變得更柔和。

3.5cm　⇕1cm　⇕1cm

3 依照〔鐵絲尺寸〕圖示所示，製作身體鐵絲支架。作法與「悠哉側躺的小柴犬」（P.40-2～P.41-8）相同。

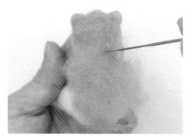

4 用Aclaine 253在前腳戳出腳爪、在後腳戳出腳掌肉球，接著如照片所示彎曲前後腳的姿勢。

5 頭部裝入頭部用鐵絲、尾巴作法與「悠哉側躺的小柴犬」（P.42-18～22）相同。 接好頭部和身體後，取Natural Blend 808和Watawata 310拉鬆混色，薄薄地覆蓋在背部戳刺上色。

6 製作大領巾（作法在P.64），在脖子後方用黏著劑把領巾的兩端貼合。 接著製作圓筒（作法在P.65），再用白膠把圓筒黏在身體前面就完成了。

Ⅰ 杯中的迷你柴犬

製作要領和「與熱狗一起！」相同（作法在P.51），但尺寸較為迷你，只要製作好頭部和軀幹再放入小杯子即可。完成後的尺寸較小，製作起來比較輕鬆。

🐾 作品 | P.22

How to make 🐾 杯中的迷你柴犬

〔材料〕
- ●Needle Watawata 310 填充羊毛
- ●Natural Blend 808 羊毛條
- ●Aclaine 112 壓克力纖維
- ●花藝鐵絲（白 #24）
- ●塑膠玩偶眼睛1mm……2個
- ●布料（領巾用）

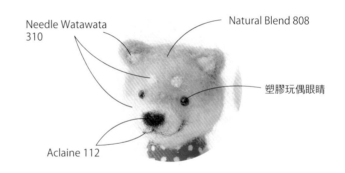

Needle Watawata 310

Natural Blend 808

塑膠玩偶眼睛

Aclaine 112

〔部件的原寸紙型〕

頭部　　耳朵　　軀幹

口鼻

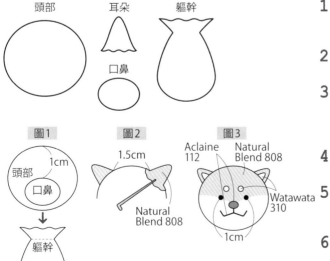

圖1

1cm

頭部

口鼻

↓

軀幹

圖2

1.5cm

Natural Blend 808

圖3

Aclaine 112　Natural Blend 808

Watawata 310

1cm

1 頭部、口鼻、軀幹用Needle Watawata 310（以下簡稱為Watawata 310）捲成球狀再戳刺塑型，做出與原寸紙型相同大小的形狀。

2 用手指將軀幹接合頭部那端的羊毛拉鬆，放在頭部戳合固定，口鼻也如圖示戳合固定（ 圖1 ）。

3 耳朵取Natural Blend 808，依照原寸紙型的尺寸戳刺塑型，再將兩隻耳朵以約1.5cm的距離戳合固定（ 圖2 ）。取少量Watawata 310在耳朵中戳刺固定成三角形（ 圖3 ）。

4 取Aclaine 112戳刺成小圓形製作鼻子，再取搓成細線的Aclaine 112戳刺嘴巴（ 圖3 ）。

5 將Natural Blend 808薄薄地覆蓋在頭的上半部，戳刺上色。 取少量Watawata 310搓成圓球狀後，在眼睛上方戳刺裝飾眉頭。

6 先在塑膠玩偶眼睛的插樁上塗白膠再安裝上去。最後將小領巾圍在柴犬脖子上即完成。

小配件的製作方法

「柴犬騎士」的領巾

使用於P.30「柴犬騎士」、P.38「放入鈴鐺的柴犬騎士」

1 裁剪出一段寬2cm×長17cm的布片後,將布片翻到背面,上半部塗布用黏著劑。

2 剪一段長15cm的花藝鐵絲,將鐵絲放進布料背面中央,再將布料對折黏好。

3 將布料兩端修剪出圓弧狀,中間則把寬度修細一點。

4 柴犬騎士的領巾就做好了。由於布料內有包鐵絲,所以圍在柴犬脖子上也能輕鬆固定。

大、小領巾

使用於P.40「悠哉側躺的小柴犬」、P.51「與熱狗一起!」、P.56「小豆助」、P.60「畫框中的柴犬」、P.62「抱著印章的柴犬」

〔部件的原寸紙型〕

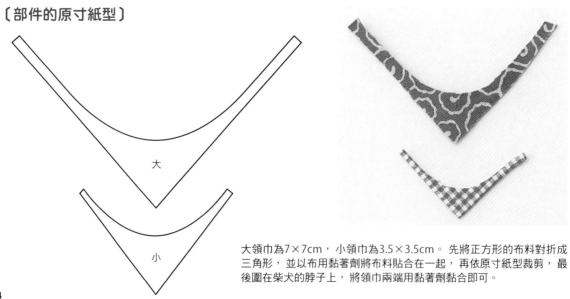

大

小

大領巾為7×7cm,小領巾為3.5×3.5cm。 先將正方形的布料對折成三角形,並以布用黏著劑將布料貼合在一起,再依原寸紙型裁剪,最後圍在柴犬的脖子上,將領巾兩端用黏著劑黏合即可。

收納印章的圓筒

使用於P.62「抱著印章的柴犬」

1 用紙繩纏繞成圓餅狀，製作出直徑約為1.8cm的圓形。

2 在圓形上塗大量白膠，用洗衣夾等道具暫時固定住紙繩，等待白膠乾燥。

3 取一支直徑約1.8cm的筆，先用烘焙紙包裹整支筆，再把筆放在乾燥的步驟**2**上，沿著筆身繼續纏繞紙繩直到高度達約4cm。

4 將整個紙繩圓筒都塗滿白膠，等白膠都乾了以後，再把筆跟烘焙紙拿掉。

5 剪掉多餘的紙繩，並在修剪處塗白膠固定。

毛巾

使用於P.13的情境照中

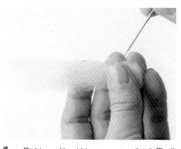

1 取Needle Watawata 310疊成小長方形後戳刺塑型，製作成1cm×4.5cm的大小，將邊緣戳刺得細緻工整一點。

2 把羊毛氈對折。

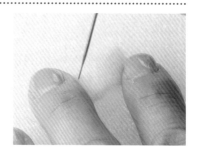

3 將表面稍微戳刺塑型。

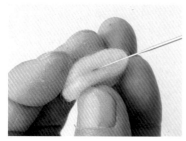

4 從側面看時要能看到毛巾對折的樣子，中間要戳刺出摺痕。

5 把毛巾放在柴犬頭頂上，再用戳針戳刺固定。

Shibainu ❀ collection

柴犬特集

不論是基本款的羊毛氈柴犬，
還是改變體型大小、增加毛量等等，
都可以隨心所欲地自由變化，
享受製作的樂趣！
完成後不妨帶著心愛的柴犬出遊，
徜徉在春夏秋冬的四季景緻中！

這張照片中的柴犬，是使用
比本書中介紹的款式都還要
大上許多的尺寸，調整製作
而成的。跟著牠一起在庭院
享受春日風光吧！

春天了耶

我很可愛吧？

什麼？什麼？

此款柴犬是特別增加毛量的
毛茸茸版本。除了臉部表情
以外，調整毛量的多寡也能
展現出不同個性的柴犬喔！

我們家的小犬
請多多關照！

用本書中介紹的柴犬騎士（本頁照片）來當比例，就能看出
尺寸差距有多大！由於體型較大，像領巾、帽子等配件，直
接使用市售的小型犬配件也很合適喔（右頁照片）！

季節更迭之際，正是帶著柴犬們到處遊玩拍照的絕佳好時機。由於羊毛氈柴犬的高度與人類不同，所以在尋找拍攝場景時，記得要用柴犬的高度來衡量喔。

快點快點，
再來要去哪呢？

黑柴當然也可以做成放
大版。雖然兩者之間只
有毛色不同，卻能展現
出完全不同的性格，真
是太神奇了！

雪地中的柴犬，展現出比平常更堅毅、可靠的姿態。在一整片寂靜遼闊的雪景中，彷彿能聽見柴犬們的呼吸氣息。

今年也下了不少雪呢～

是雪耶！是雪耶！

快來玩吧！

鏟起雪來大費周章的厚重積雪，只要有柴犬
的身影，瞬間就能變成歡樂的銀白世界?!在
雪停了的晴天，帶著柴犬出門走走，牠們的
臉上或許都會掛著開心的「笑容」喔！

換上節慶和服
來獻上祝福！

穿著日式傳統款式的和服，
不論是迷你的女兒節娃娃、
武士頭盔或飄揚的鯉魚旗等
都相當適合，馬上來幫柴犬
們換裝吧！

可搭配作為擺設的各式小道具

完成可愛的羊毛氈柴犬之後，不妨與柴犬們一起享受擺拍或情境裝飾的樂趣！本書中介紹的各款柴犬尺寸都不大，所以各種迷你道具、微型小物等，都能用來塑造情境，增添陳列擺設的樂趣。

偶然間在手工藝品店發現的迷你摩托車與汽油桶玩具等小物，用來搭配柴犬騎士，馬上就能營造出獨特氛圍。像這樣一邊想像一邊尋寶，為自己的羊毛氈作品找搭配的道具，也是一種樂趣。

日式的百元商店裡也有不少小物，像是小型的榻榻米飾品，可以當成柴犬的座墊。把柴犬放在小杯子裡也十分可愛，其他還有小草帽、小安全帽或小頭盔等等，都可以用來裝點柴犬，只要沾一點點黏著劑或用別針固定即可。

扭蛋機常見的迷你版雜貨道具或料理食玩等，都可以當作擺拍道具，不論拿在手上或是當成背景，都能讓柴犬們演什麼像什麼！

※照片中所介紹的各式配件，或許會與目前市面上販售的有所不同，僅供參考，敬請見諒。

♥ 愛手作系列 040

網友讚爆！比本尊更可愛！

呆萌又俏皮の羊毛氈柴犬

作　　者／＊ko-ko＊
主　　編／林巧玲
翻　　譯／方嘉鈴
編輯排版／陳琬綾
發 行 人／張英利
出 版 者／大風文創股份有限公司
電　　話／02-2218-0701
傳　　真／02-2218-0704
網　　址／http://windwind.com.tw
E - M a i l／rphsale@gmail.com
Facebook／大風文創粉絲團
http://www.facebook.com/windwindinternational
地　　址／231 台灣新北市新店區中正路 499 號 4 樓

台灣地區總經銷／聯合發行股份有限公司
電話／（02）2917-8022
傳真／（02）2915-6276
地址／231 新北市新店區寶橋路 235 巷 6 弄 6 號 2 樓

香港地區總經銷／豐達出版發行有限公司
電話／（852）2172-6533
傳真／（852）2172-4355
地址／香港柴灣永泰道 70 號 柴灣工業城 2 期 1805 室

初版一刷／2022 年 9 月
定價／新台幣 399 元

本物よりかわいい 羊毛フェルトのやんちゃな柴犬
© ＊ko-ko＊ 2021
Originally published in Japan by Shufunotomo Co., Ltd
Translation rights arranged with Shufunotomo Co., Ltd.
Through Keio Cultural Enterprise Co., Ltd.

國家圖書館出版品預行編目（CIP）資料

網友讚爆！比本尊更可愛！呆萌又俏皮の
羊毛氈柴犬／＊ko-ko＊作.；方嘉鈴翻譯 --
初版. -- 新北市：大風文創股份有限公司,
2022.09　面；　公分
譯自：本物よりかわいい 羊毛フェルトのやん
ちゃな柴犬
ISBN 978-626-95917-5-6（平裝）

1.CST：手工藝

426.7　　　　　　　　　　111006569

線上讀者問卷

關於本書任何建議與心得，
歡迎和我們分享。

https://reurl.cc/73yKyN